油漆与装饰
技术实训

周宇琼　虞　超　主编

U0396704

浙江工商大學出版社
ZHEJIANG GONGSHANG UNIVERSITY PRESS

·杭州·

图书在版编目（CIP）数据

油漆与装饰技术实训 / 周宇琼，虞超主编 . — 杭州：浙江工商大学出版社，2020.5（2024.3重印）

ISBN 978-7-5178-3844-9

Ⅰ．①油… Ⅱ．①周… ②虞… Ⅲ．①油漆技术－建筑装饰－中等专业学校－教材 Ⅳ．①TU767.3

中国版本图书馆 CIP 数据核字（2020）第 077283 号

油漆与装饰技术实训
YOUQI YU ZHUANGSHI JISHU SHIXUN

周宇琼 虞 超 主编

责任编辑	厉 勇
责任校对	童江霞
封面设计	雪 青
责任印制	包建辉
出版发行	浙江工商大学出版社
	（杭州市教工路198号 邮政编码310012）
	（E-mail：zjgsupress@163.com）
	（网址：http://www.zjgsupress.com）
	电话：0571-88904980，88831806（传真）
排 版	杭州朝曦图文设计有限公司
印 刷	杭州宏雅印刷有限公司
开 本	710mm×1000mm 1/16
印 张	8.75
字 数	116千
版 印 次	2020年5月第1版 2024年3月第2次印刷
书 号	ISBN 978-7-5178-3844-9
定 价	42.00元

编 委 会

主　编：周宇琼　虞　超
副主编：谢勤阳　袁益飞
　　　　谢　峰　王力斌

目　录

学习情境 1
色彩理论与装饰色彩搭配基础

1.1　色彩常识

1.2　室内装饰色彩搭配

1.1　色彩常识

★ 色相、明度、纯度渐变

　　色彩具有色相、明度、纯度的属性,色相就是色彩的相貌,包括中性色的倾向性,明度是色彩的深浅度,纯度是色彩的纯净饱和度。

　　色彩的明度由浅至深划分成九个等级:高明度三级、中明度三级、低明度三级。

　　十二色环的色彩是高纯度的饱和色。加水冲淡、加白色变浅的色彩,称为不饱和色彩。

★ 色彩的并置

两个或两个以上的色块,并排在一起,会产生相互反衬的对比效应。要保持安定平静效果时,互相混入对方色彩,或降低一方的明度或纯度;要强烈效果时,可大胆采用高纯度补色并置。

心理学上的依据:色彩感觉通过眼睛的作用实现,同时也得伴随着心理感觉。这种作用常常是无意识的,但却是无时不在的,它左右着人的情绪和情感。色彩的心理功能是由生理反应引起思维反应后才形成的,主要是通过联想或想象。

色彩的通感：胀缩感、冷暖感、进退感、轻重感、动静感、知觉度。

色彩的心理效应：年龄与经历、民族与风俗、地区与环境、性格与情绪、修养与审美。

色彩与情感：色彩的好恶感、色彩的记忆与联想、色彩的象征性、色彩的形状及其感觉特征。

★ 附加训练

调色训练——快速找到想要的色彩

"这种颜色怎么才能调出来？"对于初学者来说，这经常是个难题。如何用最快的方式找到想要的颜色？那只能多多练习咯。给大家一个常用调色图，大家可以在课后自己练习。如图1-1所示：

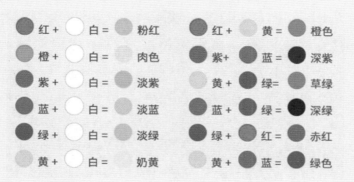

图 1-1 常见调色图

1.2 室内装饰色彩搭配

　　人类婴儿时期只能看到黑白色,逐渐长大后,我们所能看见的颜色就变得数不胜数。但每个人对颜色的感知又有差别,不同的色彩能给人以不同的感受,我们要学会运用一定的搭配规则。

★ 常见颜色的一些感受

绿色,可以给人一种春意盎然、生机勃勃的感觉,是一种生命力的象征,能让人内心平静、松弛,对于视力保护有积极作用。因此,绿色是儿童房间内的一个不错的选择,也可以对某个墙面、窗帘、床罩进行色彩点缀。

黄色,明亮度很高的一种颜色,光芒四射、轻盈明快,具有温暖、愉悦、提神的效果,常为积极向上、进步、文明、光明的象征,给人以年轻活泼和健康的感觉,适合进行点缀装饰。现代装饰中,也会通过降低纯度的方式,来进行大面积的使用,例如淡奶黄色,可以营造温馨、纯朴、阳光的感觉,如图1-2所示。

图1-2　大面积淡奶黄色的运用

　　橙色,亮度很饱满,给人愉悦感,在众多的颜色中异常醒目。橙色比红色要柔和、低调一些,但亮橙色仍然富有刺激和兴奋性。橙色常象征活力、精神饱满和友谊,也有提高食欲的效果,因此经常会在餐厅里使用。在最近几年的装饰设计中,爱马仕橙在现代轻奢、现代装饰等一些相对简洁大方的设计风格中被广泛使用,作为与灰色、白色、黑色等的反差色来进行家具、软装等的点缀。

　　蓝色,总让人联想到大海,给人以神秘、冷、安静的感觉。对人机体也有非常重要的积极作用,给人以一种清凉感。蓝色在室内装修中的运用,如图1-3所示。

图1-3　蓝色在室内装修中的运用

　　紫色，是高贵、富丽、迷人的。偏红的紫，华贵艳丽；偏蓝的紫，沉着高雅，象征尊严、孤傲或悲哀。与高色调的色彩搭配，可表现出厚重的意味。

★ 色彩搭配

　　很早的时候，人们就把色彩分为两类：一类是阳性的，即：黄、红黄（橙）、黄红（朱砂），它们呈现出一种"积极的、活跃的和奋斗的"姿态；另一类是阴性的，即：蓝、红蓝、蓝红，它们适合于一种"不安的、柔和的和向往的"情绪。只要有色彩关系存在，色彩就有冷暖之分，这一特点具有很大的普遍性。

　　一般来说,进行室内装饰时,首先要对颜色的选择与搭配进行充分的考虑和设想。即采用哪些颜色,突出什么颜色,以什么色为基本色调和中心色等,然后再考虑其他的。和谐的色彩搭配,会给装饰加分,反之,则会使得整体效果一塌糊涂。

　　室内色彩从结构的角度上讲分为三部分:

　　首先是背景色彩。指的是室内固定的天花板、墙壁、门窗和地板等这些室内大面积的色彩。根据面积原理,这部分色彩适于采用彩度较弱的沉静的颜色,使其充分发挥背景色彩的烘托作用,如图1-4所示。

图1-4　室内装修中沉静颜色的运用

其次是主体色彩。指的是那些可以移动的家具设计和软装陈设设计部分中等面积的色彩组成部分,这些才是真正表现主要色彩效果的载体,这部分的装饰设计在整个室内色彩设计中极为重要。

最后是强调色彩。指的是最易发生变化的摆设品部分的小面积色彩,也是最强烈的色彩部分,这部分的处理可根据性格、爱好、环境的需要,起到一种画龙点睛的作用,如图1-5所示。

图1-5 强调色彩的运用效果

★ 室内装饰色彩搭配小技巧

1. 色彩宜少不宜多。居室的空间是有限的,不是无限延伸的,在相对较小的空间中,不需要过多的颜色,否则会给人一种凌乱的感觉。

2. 多用中性色彩。选择色彩的时候尽量多用一些中性的色彩,也是相对比较安全的方法。尽量避免单一的色彩偏好,比如不要只使用黑色和白色这样的百搭色,还可以用浅黄色、棕色和灰色等作背景色,大面积的使用对于营造室内宁静时尚的色彩氛围是非常有利的。

3. 注意光线朝向。颜色与光会发生反应,产生不同的效果。因此室内光线朝向就很重要,阳光充足的地方可以用冷色,阳光不足的地方可以用饱和度高的明亮色彩。

4. 不同区域选不同色彩。比如说客厅是待客的地方,它需要一些较好的中性色彩,比如米黄色或者是乳白色;而餐厅是吃饭的地方,明亮的色彩搭配更能刺激食欲,如图1-6所示。

图1-6　不同区域选不同色彩

　　虽然有一些色彩搭配的小原则可供参考,但客户具有很强的个人情感和意愿。因此,在实际案例操作过程中,还是要多了解客户需求,在满足客户需求的前提下,进行科学的引导和建议,以达到最完美、最满意的效果。

★ 实训练习

　　色彩搭配作业：根据平面图绘制立面图（图1-7），并进行色彩搭配，来营造不同的氛围，要求设计2套不同的色彩搭配。

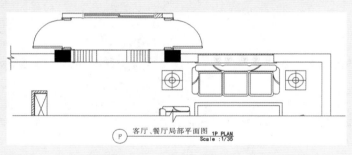

图1-7　客厅、餐厅局部平面图

学习情境2
涂饰施工

2.1 墙面基层处理

★ 墙面的施工

现在的房产开发商在房屋施工过程中,会使用质量一般的材料给墙面刮白,因此很多业主都会对墙面重新进行装修施工。在装修墙面之前,将原墙面白灰铲除,再进行墙面的施工处理,其过程大致包含了以下几个步骤:抹灰、刮腻子、砂补、刷涂料等。墙面的施工工艺构成,如图2-1所示。

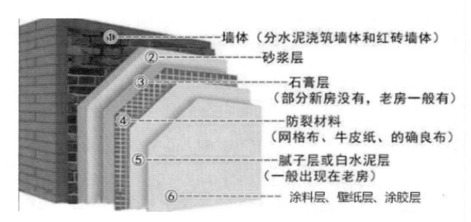

图2-1 墙面的施工工艺构成

墙面找平:当原墙面白灰铲除完成后,接下来要对墙体进行两次找平工作。第一次是最底层的墙面粗找平,当墙面平整度检测误差超过 10mm 时,可以采用水泥找平;当墙面平整度检测误差在 5—8mm 时,可以采用石膏找平。无论是水泥还是石膏找平,都是属于粗找平,目的就是矫正墙面或填坑。

批刮腻子：第二次墙面找平就是精找平，通常用的是腻子。腻子细密紧致的特点能很好地衔接面层材质和基层，更好地呈现出面层材质的质感，质量较好的防水腻子，在精细打磨过后，甚至会呈现出一定的饱和光泽度。需要注意两点：①腻子不要过厚，由于腻子的特性，如果厚度超过1mm以上极易导致墙面开裂；②在最后一次找平后，用细砂纸（320号以上）仔细打磨墙面。目前市面上采用的腻子主要是腻子粉或者腻子膏，如图2-2所示。

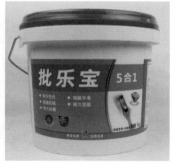

（a）　　　　　　　（b）

图2-2　腻子粉和腻子膏

　　施工时,选用颗粒细度较高和质地较硬的腻子为佳,如果质地较软,也可以在腻子里添加白乳胶,以提高腻子的硬度。批刮腻子在施工时,一般要操作两遍,第一遍用刮板横向满刮,待其干燥后打磨,然后重复操作一遍。墙面批刮腻子,如图2-3所示。

(a)

(b)

图2-3　墙面批刮腻子

　　砂纸打磨：打磨所选用的砂纸，往往根据墙面腻子确定。如果墙面的腻子质地过软，而选用的砂纸过粗，打磨后就很容易留下较深的砂痕，为之后涂料施工带来不便，影响涂装效果。因此，我们要根据腻子的软硬程度去选择不同目数的砂纸，一般质地较为松软的腻子，建议采用400—500目的砂纸，质地较硬的腻子，建议采用360—400目的砂纸。如果条件允许，还可以采用打磨机打磨墙面以提高工作效率。

　　打磨完成之后，可以打开大功率的灯光检查墙面是否平整光滑，尤其是在门窗和墙面接合的细节部位，更需仔细查看。利用打磨机打磨墙面，如图2-4所示。利用手持电灯检查墙面，如图2-5所示。

图2-4　利用打磨机打磨墙面

图2-5　利用手持电灯检查墙面

涂刷墙面漆:墙面漆分为底漆和面漆。

底漆在施工中起到承上启下的作用,其涂刷效果会直接影响下一步面漆的效果。底漆具有较强的渗透能力和封闭作用,可以让墙面涂料的附着力提升,防止涂料层出现脱皮掉漆的现象。因此在底漆施工时,应确保墙面每个地方都涂刷均匀。

面漆涂刷时,一般选择较好的刷子或者滚筒,选用长毛细绒滚筒刷出来的漆手感细腻,视觉效果更佳。同时为了不影响漆膜厚度、手感和漆膜的硬度,面漆中不要加过量的水。涂刷面积较大时,可以利用滚筒进行滚刷,厚度宜适中,接茬处的漆一定要收匀。当处理阴角或者门窗线条边缘的墙面时,应采用刷子刷均匀。利用滚筒和刷子刷漆,如图2-6、图2-7所示。

墙面养护:水性涂料在涂刷完几小时内就会达到干燥,但此时的漆膜强度仍然较低。因此,为了保护墙面,涂刷十天之内尽量不要接触墙面。

图 2-6　利用滚筒刷漆

图2-7　利用刷子刷漆

★ 常见的墙面问题及处理方法

很多选择涂料施工的墙面,在正常使用过程中,随着房屋使用的时间过久,或多或少会出现一些问题,轻则影响美观,重则影响居住环境。下面介绍一些墙面常见问题以及解决方法。

1. 墙面裂痕

墙面开裂原因:比较常见的有原墙体结构性开裂、墙面受潮后起鼓开裂、原基层处理不到位开裂、新建墙体与原墙体间的开裂等。如图2-8所示。

墙面开裂处理办法:铲除裂缝处的墙面基层材料,进行局部贴布处理。如果缝隙较大,可先贴牛皮纸,使用网格布打底,刷界面剂,然后再刮2—3遍墙衬或防水腻子,最后上腻子打磨之后,刷乳胶漆,即可以处理好。

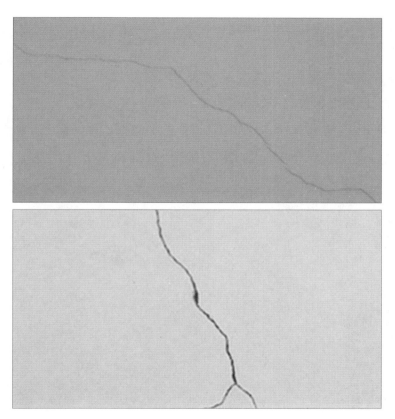

图 2-8　墙面开裂

2. 墙面起鼓

墙面起鼓原因：主要是由于受潮、黏结面不牢或者原结构墙体沙化、老化导致起鼓。如图2-9所示。

墙面起鼓处理办法：局部铲除至水泥层，刷界面剂，刮2—3遍墙衬或防水腻子，然后打磨若干遍，批刮面腻子。

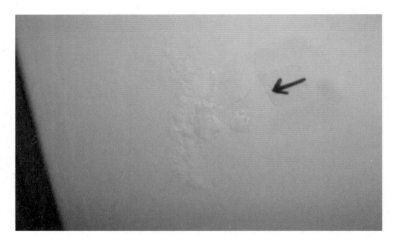

图2-9 墙面起鼓

3. 墙面不平

墙面不平处理办法:如果墙体起伏程度在1cm以下,可用找平石膏找平;1cm以上用水泥砂浆找平;顶部阴角如果误差太大,可以贴石膏线进行美观处理;如果墙面阴角误差较大,使用石膏找平后再刷腻子填平。

4. 墙面起皮

墙面起皮原因:主要有三种:一是房间受潮;二是原基层打底施工不牢固;三是施工工序不对,没有严格按照工艺流程和规范操作导致墙漆起皮。如图2-10所示。

墙面起皮处理办法:需要将局部铲除至水泥层,刷界面剂,然后刮2-3遍墙衬或防水腻子,然后再刷一遍底漆,而且还要注意必须在含水率(10%)以下施工,避免在高湿度(>85%)、低温(<5℃)环境下施工。

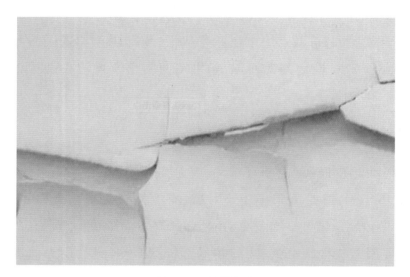

图2-10　墙面起皮

5. 墙面发霉

墙面发霉原因:外墙渗水;若采用的是墙纸,则可能是在墙纸施工时,胶水未完全干透,水分和空气长期存在墙纸里,而出现发霉情况;环境湿度大造成的墙面发霉,这主要出现在南方的梅雨季节。如图2-11所示。

墙面发霉处理办法:将现有的墙壁全部铲掉,重新刮腻子,等腻子干透后再刷防潮涂料。如果梅雨季已经完全过去了,正是施工的时候。天气干燥,墙面干燥得快,工序短,施工较安全。把现有发霉的墙壁清洁干净,等墙壁干透后,在其表面刷清漆,把底封起来,然后刮腻子、打磨,再做硅藻泥,等于在原有基础上再重做一次墙面。

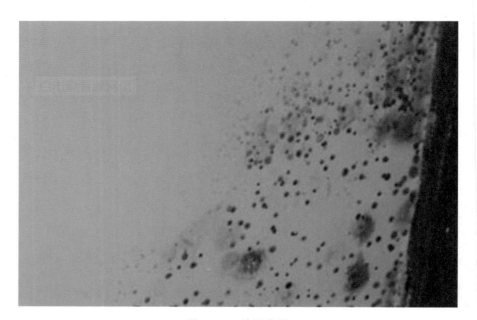

图2-11　墙面发霉

★ 世界技能大赛油漆与装饰项目中的墙面基层处理

在世界技能大赛油漆与装饰项目的比赛中,参赛者通过抽签确定工位之后,就要通过一天时间来做准备工作,其中,墙面的基层处理就是一项比较重要的内容。因为选手的竞赛内容大多数是在工位的墙面上完成的,墙面的质量也直接影响作品质量。虽然组委会提供给选手的工位墙面已经具备了施工的条件,但是墙面上不可避免的瑕疵,如小坑、乳胶漆流挂等小细节,还是需要选手自己来处理,使其尽可能达到完美,这也是精益求精的"工匠精神"。选手处理墙面瑕疵,如图2-12所示。

图 2-12(a)　选手处理墙面瑕疵

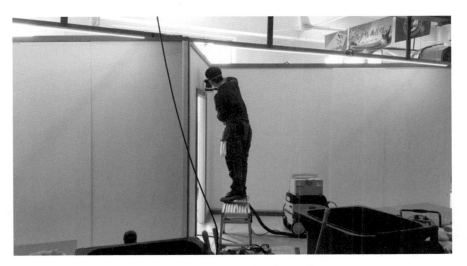

图 2-12(b) 选手处理墙面瑕疵

2.2 水性漆的调配

★ 水性漆和水性漆分类

　　顾名思义,水性漆是以水作为介质的漆。如我们所有的内外墙涂料、金属漆、汽车漆等,都是相应的水性漆产品。可见水性漆在很多行业已有广泛的应用。我们普遍关注的水性木器漆,是木器涂料中技术难度和科技含量最高的产品。随着人们环保意识的增强,水性木器漆以其无毒环保、无气味、可挥发物极少、不燃不爆的高安全性、不黄变、涂刷面积大等优点,越来越受到市场的欢迎。水性漆的调配,如图2-13所示。

图2-13　水性漆的调配

尽管当前市场上水性木器漆品牌众多,但依据其主要成分的不同,不外乎分为以下四类。

第一类是以丙烯酸为主要成分的水性木器漆,主要特点是附着力好,不会加深木器的颜色,但耐磨及抗化学性较差,漆膜硬度较低,铅笔法则试为 HB,丰满度较差,综合性能一般,施工易产生缺陷。因其成本较低且技术含量不高,是大部分水性漆企业推向市场的主要产品。这也是造成大多数人认为水性漆不好的原因所在。其优点是价格便宜。

第二类是以丙烯本乡与聚氨酯的合成物为主要成分的水性木器漆,其特点除了秉承丙烯酸漆的特点外,又增加了耐磨及抗化学性强的特点,有些企业将其标为水性聚脂漆。漆膜硬度较好,铅笔法则试为 1H,丰满度较好,综合性能接近油性漆。目前国内只有少数几家企业可以生产。

第三类是聚氨酯水性漆,其综合性能优越,丰满度高,漆膜硬度可达到 1.5—2H,耐磨性能甚至超过油性漆,使用寿命、色彩调

配方面都有明显优势,为水性漆中的高级产品。该技术在全球只有少数几家专业公司掌握。

第四类则是一些伪水性漆,使用时还要添加固化剂或化学品,比如"硬化剂""漆膜增强剂""专用稀释水"等,有些也可以加水稀释,但溶剂含量很高,对人体危害更大,有些甚至超过油性漆的毒性,还有一些企业将其标为水性聚酯漆。消费者很容易分辨出来。该技术在全球只有少数几家专业公司掌握。

种类虽然清楚了,但想要分清市面上的水性木器漆也不是轻而易举的事。因各厂家在水性漆的名称及成分标识上并不统一,容易让消费者产生混淆,如以丙烯酸为主要成分的水性漆就有丙烯酸和丙烯酯两种标法。消费者最好通过用鼻子闻的方法来辅助判断:丙烯酸有点酸的味道,聚氨酯则有些淡淡的油脂香味。当然,最可靠的办法是购买专业水性木器漆厂家生产的产品。

★ 墙面乳胶漆的调色

乳胶漆的调色方法主要有两种,一种是电脑调色,一种是人工调色。这两种调色方法一般都在白色乳胶漆的基础上,按比例加入不同的色浆进行调制,最后混合调配成自己所需要的颜色。白色乳胶漆和色浆,如图2-14所示。

（a）　　　　　　　　　（b）

图2-14　白色乳胶漆和色浆

　　电脑调色是指利用电脑技术分析每种色浆的分配比例,然后利用电脑技术将所需的色浆注入白色乳胶漆中,通过不断震荡的方式使这些不同的色浆相互混合均匀,最后便形成了所需要的颜色。如图2-15所示。

图2-15　电脑调色

　　人工调色则是通过人为的方式,在白色乳胶漆中通过添加不同的色浆完成调色,这种调色方法的准确性依赖于直观视觉与经验。在世界技能大赛油漆与装饰项目的比赛中,要求选手通过人工的方式来调配墙面乳胶漆,极大地考验选手的色彩感知能力和调色能力。如图2-16所示。

(a)　　　　　　　　　　　(b)

图2-16　人工调色

★ 墙面乳胶漆的调色步骤

虽然利用白色的乳胶漆和色浆能调配出不同色彩的墙面乳胶漆,但是如果在调配过程中掌握不了技巧以及比例,则不仅会影响乳胶漆的颜色调配结果,还会影响其施工效果。因此,乳胶涂料在配色过程中需要按标准的步骤进行操作:

1. 分析并找出所配制的有色涂料所需色浆类别,因为不同颜色的乳胶漆其需要的色浆是各不相同的。

2. 在配色时,在搅拌原有白色乳胶涂料情况下缓慢加入所需颜色色浆,加完一种色浆后要充分搅匀,再加入第二种。当然为了配色的精准,在搅拌过程中要随时取样与样板比较,看看是

否达到了需要的配色。

3.调色时应本着"先深后浅,再找色调"的原则,对深色色浆要避免配方加入量误差太大。

4.色浆易产生沉淀,在配色之前应先搅拌均匀后再进行使用,以免配方加入量误差太大。

5.有色涂料无论用量多大,最好用同一罐配色处理,以免出现色差。如果一罐调配有困难,也应先分次调配,再将各批次同比例进行混合,搅拌均匀后方可使用,以确保颜色均匀一致,这样才能保证整个家居墙面涂刷出的颜色统一而没有色差。色彩多变的乳胶漆喷后效果,如图2-17所示。

图2-17(a)　色彩多变的乳胶漆喷后效果

图2-17(b) 色彩多变的乳胶漆喷后效果

★ 调色过程中的注意点

在调色过程中有如下需要注意的地方。

1. 调色时需小心谨慎，一般先试小样，初步求得应配色涂料的数量，然后根据小样结果再配制大样。先在小容器中将副色和次色分别调好。

2. 先加入主色（在配色中用量大、着色力小的颜色），再将染色力大的深色（或配色）慢慢地间断地加入，并不断搅拌，随时观察颜色的变化。

3. "由浅入深"，尤其是加入着色力强的颜料时，切忌过量。

4. 在配色时，涂料和干燥后的涂膜颜色会存在细微的差异。

各种涂料颜色在湿膜时一般较浅,当涂料干燥后,颜色加深。因此,如果来样是干样板,则配色漆需等干燥后再进行测色比较;如果来样是湿样板,就可以把样品滴一滴在配色漆中,观察两种颜色是否相同。

5. 事先应了解原色在复色漆中的漂浮程度以及漆料的变化情况,特别是氨基涂料和过氯乙烯涂料,需更加注意。

6. 调配复色涂料时,要选择性质相同的涂料相互调配,溶剂系统也应互溶,否则由于涂料的混溶性不好,会影响质量,甚至发生分层、析出或胶化现象,无法使用。由于涂料混溶性不好,墙面产生泛白,如图2-18所示。

图2-18　墙面产生泛白

7. 由于颜色常带有各种不同的色头,如果配正绿时,一般采用带绿头的黄与带黄头的蓝;配紫红时,应采用带红头的蓝与带蓝头的红;配橙色时,应采用带黄头的红与带红头的黄。

8. 要注意在调配颜色过程中,还要添加的那些辅助材料,如催干剂、固化剂、稀释剂等的颜色,以免影响色泽。

9. 在调配灰色、绿色等复色漆时,由于多种颜料的配制,颜料的密度、吸油量不同,很可能发生"浮色""发花"等现象,这时可酌情加入微量的表面活性剂或流平剂、防浮色剂来解决,如常加入0.1%的硅油来防治。国外公司生产的各种表面活性剂需分清用在何种溶剂体系,加入量一般在0.1%—1%。

10. 利用色漆漆膜稍有透明的特点,选用适宜的底色可使面漆的颜色比原涂料的色彩更加鲜明,这是根据自然光反射吸收的原理,底色与原色叠加后产生的一种颜色,涂料工程称之为"透色"。如黄色底漆可使红色更鲜艳,灰色底漆使红色更红,正蓝色底漆可使黑色更黑亮,水蓝色底漆使白色更洁净清白。奶油色、粉红色、象牙色、天蓝色,应采用白色作为底漆等。

★ 世界技能大赛油漆与装饰项目中的水性漆调色

在世界技能大赛油漆与装饰项目的比赛中,有相应模块的比赛需要根据技术文件,由选手完成调色,并且调色的准度也作为一项评分内容。这就要求选手在平时需要大量的训练,还需要有较高的色彩敏感度。如图2-19所示。

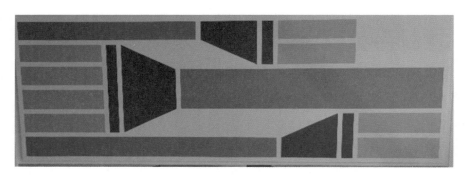

图2-19 比赛调色的内容

2.3 水性漆的施工

★ 墙面乳胶漆的施工方法

墙面乳胶漆的施工方法一般有排刷、棍刷、喷枪、批四种。

1. 排刷

排刷最省料,但比较费时间,当然如果用于慢工细活时还是不错的,最后墙面效果是平的。由于乳胶涂料干燥较快,每个刷涂面应尽量一次完成,否则易产生接痕。手动刷时,必须从一个点按顺序开始,不要东刷一下,西刷一下,这样容易漏刷或者出来的效果会不均匀,很是难看。当手刷时,沾的油漆不要过多,以刚好不会掉下来为好,否则刷墙容易出现"落泪"的现象。各种油漆刷子,如图2-20所示。

图2-20　各种油漆刷子

2. 棍刷

棍刷进行滚的作业,在各方面效果都是比较普通的,浪费油漆程度比较厉害,但是相对而言,这是性价比较高的施工方式。为避免辊子痕迹,搭接宽度为毛辊长度的1/4,一般辊涂两遍,夏季应间隔应2小时以上,冬季可能需要更多时间。油漆滚筒,如图2-21所示。

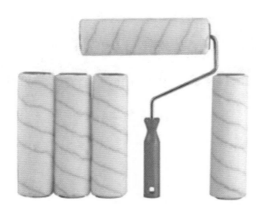

图2-21　油漆滚筒

3. 喷枪

喷枪的效果比较好，墙面出现的颗粒状，会比较自然，速度快，省时，但是不太容易修补。喷涂时手握喷枪要平稳，喷嘴距离墙面距离最好是30—50cm，不能太近或过远。喷枪有规律地移动，横、纵向呈S形涂墙面。一般每分钟应在400—600mm间匀速运动。要注意接茬部位颜色一致、厚薄均匀，且要防止漏喷、流淌。如图2-22所示。

4. 批

批的效果最好，但最费料。不过，批的话可以不用太好的涂料，普通的乳胶漆批出来的效果也很好。

图2-22　油漆喷枪

　　乳胶漆按照上面的四步流程实施刷漆的话,一方面可以节省乳胶漆原料,另一方面也能保证色彩均匀,美观大方。

★ 墙面乳胶漆的施工工艺

家居装修中,墙面乳胶漆施工是一项重要的工序。墙面乳胶漆施工是家居的面子工程之一,因此,它的效果展现是和工人的施工工艺水平息息相关的。墙面乳胶漆施工工艺主要包括以下几点。

1. 旧房有必要把原有底层铲除洁净(新房及无缺的旧漆层除外)。刮灰前用2m靠尺检查原有底层,如误差超出5mm,用滑石粉加白水泥或石膏粉找平,并请求客户签字。

2. 纸面石膏板底层,用石膏粉勾缝,再贴牛皮纸或专用砂带,上石膏板的专用螺丝,必须用防锈漆点补。

3. 层板底层有必要先刷一遍醇酸清漆,用木胶粉或原子灰勾缝,再贴牛皮纸或专用砂带,不得起泡。

4. 成品腻子膏、熟胶粉及滑石粉有必要使用合格产品。

5. 腻子灰适当掺加白乳胶和醇酸清漆，腻子应运用大电钻搅拌至黏度合适，胶水均匀。利用有色乳胶漆进行背景墙施工，如图2-23所示。

图2-23 利用有色乳胶漆进行背景墙施工

6. 第一遍腻子可运用1m—1.5m靠尺赶刮,阴阳角有必要经过弹墨线来找垂直度及平整度。后一遍腻子应在前一遍腻子完全干后方能施工。

7. 第二遍腻子处理墙面,应达到大面亮光、滑润,平整度用2m靠尺检查,大面厚度应≤3mm。

8. 第三遍腻子找补,用200W灯泡或800W碘钨灯置于周围照光,检查平整度,找补。

9. 刮腻子时,掉在地上或其他本地的灰应尽量少,如掉在木制柜子、门等处的灰,应立即清洁,谨防污染其他工种。乳胶漆大面平整度除运用2m靠尺检查外,运用手摸,不得有明显凹凸感及颗粒点状触感。

10. 涂料施工人员高处刮灰时,应运用马凳及跳板,严禁在木作上踩踏。脚手架安全可靠,运用便利。如地板或地砖施工已结束,涂料再施工时,马凳有必要用布包裹后方能使用。

11. 用纸胶带将门边线、柜子边等其他与乳胶漆接壤的地方

保护起来。用鸡毛掸将墙上的浮灰打扫洁净后方能涂刷底漆。用乳胶漆处理线条时,应把线条砂光,钉眼补平,接头修整完后方能施工,完工后线条纹理应清晰、贯穿。

12. 乳胶漆施工底漆一遍,面漆两遍。涂刷底漆后,用底漆调腻子找补,打磨后方能上面漆。乳胶漆、线条及开关面板,木制的收口有必要紧密、平整,不得漏缝未刷及污染线条。

13. 上面漆时,应按实际情况加水搅拌均匀,加水最多不超过20%,太干容易出现刷痕,太多遮盖力不行。

14. 面漆如运用刷涂应自上而下,先垂直方向后水平方向均匀刷涂,最终以垂直方向轻轻收拾刷痕。面漆涂刷,不得现明显刷痕,不得有活动表象发生。涂装施工,先涂天花后墙面,同一区域应连续结束。在第一道乳胶漆涂刷之后进行检查,如图2-24所示。

图 2-24　在第一道乳胶漆涂刷之后进行检查

　　15. 涂刷进程中如需间断,需将刷子或滚筒及时浸泡在涂料或清水中,涂刷结束后立即用清水洗净一切用具,阴干待用。最后面漆施工应在聚酯漆完工后再做,以防乳胶漆泛黄。

16. 第二遍面漆应在上一遍面漆完全干后方能进行,起码间隔两小时以上。乳胶漆施工室温应在5℃以上,并且要密闭门窗,减少空气流通,涂刷完2小时后方可开窗通气。检查有无透底、流坠、明显刷痕及裂缝。

17. 乳胶漆上面漆时,其他工种不得施工,以防污染。留心成品保护(地上及相邻成品)。落在其他装修成品上的乳胶漆应清洁干净。

18. 乳胶漆施工完后,应留心成品保护,不得刮伤,特别是有光和丝光乳胶漆更应留心,因为有光和丝光乳胶漆补刷后容易出现"花"的表象。如乳胶漆选用喷涂,有必要运用专用喷涂设备喷涂一遍,喷涂第二遍时应在第一遍面漆干透后方能施工。

19. 在做大面积的有色乳胶漆时,应先做好一堵墙面或一个房间,经客户承认后方能大面积施工。对非施工区域进行墙面保护,如图2-25所示。

20. 开关插座有必要包扎保护,不得污染。

图 2-25 对非施工区域进行墙面保护

★ 水性木器漆的施工

乳胶漆在墙面的涂装中用到的比较多,而对于木质的家具,如门板、柜体等则需要用木器漆来进行施工,其施工工艺及注意点如下。

一、水性木器漆施工的注意事项

施工的环境温度必须保持高于5℃,周围环境的相对湿度必须保持小于80%的状况下。所有的水性聚酯漆、工具及木材不能沾到油脂、油性漆或天那水,严禁与其他油漆混用。为了保持漆膜更好的效果,在漆膜未干之前避免沾水。

使用水性木器漆进行涂装,尽量注意要薄涂,不能厚涂,并且涂刷要均匀,防止流坠;重涂时间不宜过长,若重涂时间过长,漆膜干透,涂刷前必须打磨施工完毕或中间暂停使用,立刻用清水清洗工具。

二、水性木器漆常见施工问题和处理办法

1. 刷痕

分析原因：

(1)水性木器漆兑稀不够,漆的黏度过高;

(2)进行涂装的工具刷太硬、刷毛过短;

(3)反复涂刷或重刷次数过多;

(4)漆膜快干时复刷;

(5)施工手法不适当。

解决办法：

(1)按照产品施工说明书的规定,按合理比例加水兑稀;

(2)一定要使用细羊毛刷进行涂刷;

(3)不要重复多刷或轻刷;

(4)漆膜快干时不能重刷;

(5)施工时,必须注意上下轻刷薄涂,使涂刷均匀。

2. 流挂

分析原因：

（1）涂刷太厚；

（2）水性木器漆兑水太多；

（3）施工湿度太大；

（4）使用喷枪喷孔太大。

解决办法：

（1）建议选择轻薄型羊毛工具刷，注意薄刷、轻刷；

（2）加水兑稀，必须注意配比，不能将漆调得太稀；

（3）保证施工环境通风，控制好室内湿度；

（4）调整喷枪喷孔。

3. 有裂纹

分析原因：

（1）施工时温度低于5℃；

（2）施工漆膜太厚；

（3）板材品质不好，出现收缩。

解决办法：

（1）确保施工温度在5℃以上；

（2）注意薄涂，保证漆膜厚度适中；

（3）选择品质好的板材，确保稳定性。

4. 漆膜缩孔

分析原因：混入有机溶剂或其他油性物质。

解决办法：将木材重新打磨后，进行涂装。

5. 漆膜发白

分析原因：

（1）施工环境湿度过大，室内温度低于5℃；

（2）涂刷过程中，漆膜太厚，无法完全干燥。

解决办法：

（1）调整施工环境湿度和温度；

(2)注意不要厚涂,保证漆膜能够完全干燥。

6. 附着力差

分析原因:

(1)木材表面有油性物质,打磨物未扫尽;

(2)重涂间隔时间过长。

解决办法:

(1)打磨清除木材表面的油性物质和不洁物;

(2)控制好重涂时间,彻底打磨后重涂。

三、用前提示

1. 开罐后用干净的木棍搅拌均匀,不要采用摇晃的方法;

2. 水性聚酯漆清漆的开罐状态是呈乳白色液体,干燥后为无色透明明亮的漆膜;

3. 在温度 10℃—35℃,相对湿度 30%—70% 时使用;

4. 可在原油性漆面上使用。

四、上漆准备

1. 旧漆膜：如果有破损、沟痕或不牢固的地方，必须把全部漆膜打磨干净。在完整的漆膜上再涂水性聚酯漆，需用砂纸均匀打磨一遍。

2. 新木表面：在板材未被划线分锯前，用水性聚酯漆底漆加入50%清水涂刷一遍，以防止在制作过程中被沾污。须注意涂抹均匀，干燥前不能叠放。

3. 补钉眼：采用专用腻子调配色精或色粉至与木材同色。修补钉眼时，注意不能补到木纹。

五、涂布方法

1. 一般底漆采用刷涂方式。面漆可采用刷涂或喷枪喷涂；

2. 可用适量清水稀释，一般是10%。最好少加水，加水量以无明显刷痕又不流挂为准；

3. 涂刷间隔时间:2—4小时,视环境温湿度而定。如果湿度高于90%,漆膜干燥时间有可能长达一天;

4. 固化保养期7天,时间越久漆膜越硬。

六、打磨方法

1. 打磨:底漆施工完成后,用600#以上的砂纸,充分打磨。注意不能磨穿漆层。

2. 可干磨或水磨。打磨后如填充效果仍不满意,可再施底漆。最后一遍涂喷面漆前,用1000#以上砂纸,精磨。

七、涂刷面漆

1. 典型应用:3遍底漆+打磨+3遍面漆;

2. 如果需要全部封闭木纹,对于木纹较深的材质,可能需要涂4遍以上的底漆。

八、注意事项

1. 使用水性木器漆,注意要薄涂,不能厚涂;

2. 所有水性聚酯漆和工具,木材不能沾到油脂、油性漆或天那水;

3. 所有工具可以用清水清洗,工作后或中间暂停时间,立刻用清水清洗工具;

4. 涂料需储存于阴凉通风、没有冰冻的地方。漆料倒出后如罐内有余漆,需立刻盖紧。

★ 世界技能大赛油漆与装饰项目中的木器漆的
施工

在该项目的比赛中,隔板门和门框线条都是由木材制作的,
要求选手在比赛的时候利用给定的木器漆,使用刷子、滚筒和喷
枪等工具进行施工操作。评委对施工操作的过程、结果都要进
行评分。比赛中使用木器漆进行门板的施工,如图2-26所示。

图2-26 比赛中使用木器漆进行门板的施工

2.4　水性漆艺术装饰施工

★ 色块计时涂装与色块背景墙

　　在该赛项的比赛中,有一个模块称为计时涂装,要求参赛选手在规定时间内,快速准确地调配出所要求颜色的乳胶漆,再进行涂装施工。在此过程中,选手可以用刷子、滚筒进行施工,并且用美纹纸保护墙面。色块背景墙,如图2-27所示。

图2-27(a)　色块背景墙

图2-27(b)　色块背景墙

图2-27(c)　色块背景墙

图2-27(d) 色块背景墙

学习情境 3
裱糊施工

3.1   壁纸裱糊

3.2   软包工程

3.1　壁纸裱糊

★ 裱糊施工

裱糊施工是指在室内平整光洁的墙面、顶棚面、柱体面和室内其他构件表面,使用墙纸、墙布等材料裱糊的装饰施工工程。

与其他墙面工程相比,裱糊施工具有以下优点:

1. 施工方便——缩短工期,提高工效;

2. 装饰效果好——不同颜色、纹理、图案、肌理,富有立体感和质感;

3. 多功能性——具有吸声、隔热、防霉、耐水、易洗、抗污等多种功能;

4. 抗变形性能好——具有一定的弹性,可允许墙体有一定裂纹。

★ 裱糊施工工具及常用材料

1. 墙纸和墙布

墙纸和墙布,如图3-1—图3-6所示。

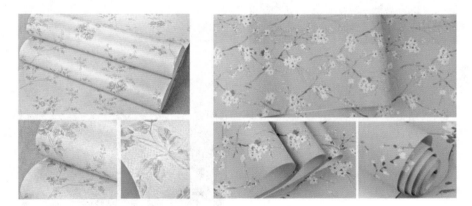

图3-1 无纺墙纸   图3-2 纸质墙纸

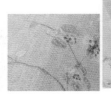

图 3-3　PVC 墙纸

图 3-4　立体刺绣墙纸

图 3-5　丝质墙布

图 3-6　编织墙布

2．胶黏剂

胶黏剂有 107 胶、SBS 胶、氯丁胶、水基胶、美立方墙纸胶水等。目前使用比较多的是糯米胶,相对比较环保。

3．墙纸裁纸刀

墙纸裁剪刀,如图 3-7 所示。

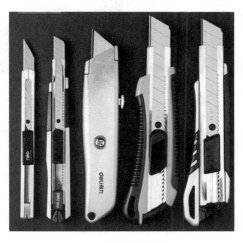

图 3-7　墙纸裁剪刀

4. 刮板

两种刮板,如图3-8所示。

（a）不锈钢刮板　　　　　　　　　　（b）塑料刮板

图3-8　两种刮板

5. 铝合金直尺

铝合金直尺，如图3-9所示。

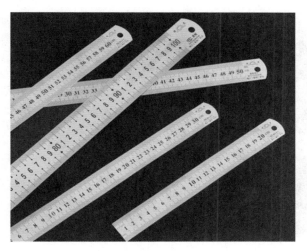

图3-9　铝合金直尺

6. 其他工具

其他工具,如墙纸棕刷、鬃毛刷、滚筒、毛巾等,如图 3-10 所示。

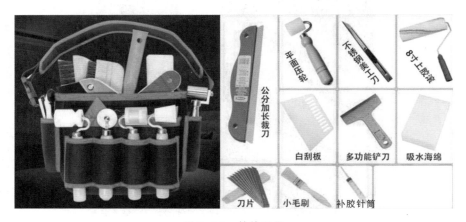

图 3-10 其他工具

附:墙纸标识解读,见表3-1。

表3-1 墙纸标识解读

序号	标识符号	中文标识名称	英文名称	中文解释	英文解释
可试性 Spongeability		可试	Spongeable at the time of hanging	施工时溢出表面的胶在未干的情况下可用湿抹布擦试,而不会损坏墙纸。之后不具有任何可洗性。	Wallcovering from which the hanging adhesive may be wiped off the front face with a damp cloth or sponge at the time of hanging without causing visible damage providing it is done whilst the adhesive is still damp. No subsequent washability is claimed or implied.
可洗性(Washability)		可擦洗	Washable	墙面涂料完成后,污垢及家中水性污渍可以用蘸有肥皂水的湿毛巾擦掉,但油性污点无法清除。	Finished wallcovering from which dirt and some domestic water based stains may be cleaned carefully from the front face with a damp cloth and soapy water. Oils, fats and solvent based stains are not expected to be removable.

续表

序号	标识符号	中文标识名称	英文名称	中文解释	英文解释
可洗性（Washability）	≋	特别可擦洗	Extra-washable	墙面涂料完成后,家中水性污水点可以用蘸有肥皂水的湿毛巾擦掉,油性污点无法清除。但有些油腻污点,污染后马上清理能清除掉。	Finished wallcovering from which dirt and some domestic water based stains may be cleaned with a wet cloth and soapy water. Oils,fats and solvent based stains are not expected to be removable. But some greasy stains can be removed if action is taken immediately after contamination.
	≋	可刷洗	Scrubbable	墙纸有优异的可洗性,污垢或大多家中的水性污渍都可用蘸有中性洗涤剂或去污粉的海绵擦或软刷去除干净。油污或溶剂类污渍污染后立即处理可去除干净。	Finished wallcovering of superior cleanability from which dirt and most domestic water based stains may be cleaned from the front face with a sponge or soft brush and a mild detergent or a mild abrasive. Oils,fats and certain solvent based stains can also be removed if tackled immediately after contamination.

续表

序号	标识符号	中文标识名称	英文名称	中文解释	英文解释
可洗性（Washability）		特别可刷洗	Extra-scrubbable	成品墙纸有超强的清洁能力，污垢或家中的水性污渍可使用蘸有中性洗涤剂或去污粉的海绵或软刷对污垢进行处理。油污或溶剂类污渍污染后立即处理可去除干净。	Finished wallcovering superior cleanability from which dirt and all domestic water based stains may be cleaned from the front face by intensive treatment with a sponge or a soft brush and a mild detergent or a mild abrasive.Oils,fats and certain solvent based stains can also be removed if tackled immediately after contamination.
光老化性能（Colour fastness to light）		中等	Moderate	光老化性能达到欧洲标准EN ISO 105－BO$_2$的3级水平。	Colour fastness to light is of numerical rating 3 when this property is determined by the method given in EN ISO 105－BO$_2$.
		满意	Satisfactory	光老化性能达到欧洲标准EN ISO 105－BO$_2$的4级水平。	Colour fastness to light is of numerical rating 4 when this property is determined by the method given in EN ISO 105－BO$_2$.

续表

序号	标识符号	中文标识名称	英文名称	中文解释	英文解释
光老化性能（Colour fastness to light）		好	Good	光老化性能达到欧洲标准EN ISO 105 – BO$_2$的5级水平。	Colour fastness to light is of numerical rating 5 when this property is determined by the method given in EN ISO 105–BO$_2$.
		很好	Very good	光老化性能达到欧洲标准EN ISO 105 – BO$_2$的6级水平。	Colour fastness to light is of numerical rating 6 when this property is determined by the method given in EN ISO 105–BO$_2$.
		优异	Excellent	光老化性能达到欧洲标准EN ISO 105 – BO$_2$的7级水平。	Colour fastness to light is of numerical rating 7 when this property is determined by the method given in EN ISO 105–BO$_2$.
施工对花（Pattern matching）		没有对花单元	Free match	相邻的两张墙纸张贴时没有对花要求。	Wallcovering is not intended to be matched in any specific longitudinal relationship between adjacent lengths.

100

续表

序号	标识符号	中文标识名称	英文名称	中文解释	英文解释
施工对花（Pattern matching）		按单元左右直接拼接对花	Straight match	对花单元直接拼接，无任何纵向移动。	When the pattern details are such that adjacent lengths are intended to be hung without any longitudinal displacement in order to give the correct side join matching.
		按长度方向移动位置对花	Offset match	两幅纸对花张贴时，要纵向移动一定的距离才能对上单元花。	When the patetern details are such that adjacent lengths are intended to be hung with longitudinal displacement in order to give the correct side join matching.
		交替换向对花拼接	Reverse alternate lengths	调头张贴，第一张纸竖向向上，第二张纸竖向向下，第三张纸与第一张纸相同方向，以此类推。	Method of hanging a wallcovering whereby adjacent lengths are reversed.

续表

序号	标识符号	中文标识名称	英文名称	中文解释	英文解释
施工对花（Pattern matching）		竖纸横向张贴对花拼接	To be hung horizontally	竖纸横向张贴的方法	Method of hanging a wallcovering whereby the lengths are hung horizsontally
使用方法 Means of application		墙纸背面刷胶水	Adhesive to be applied to the wallcovering	在墙纸背面刷胶	Adhesive to be applied to the wallcovering
		墙面上刷胶	Adhesive to be applied to the support to be decorated	在要贴墙纸的墙面上刷胶	Adhesive to be applied to the support to be decorated

续表

序号	标识符号	中文标识名称	英文名称	中文解释	英文解释
使用方法 Means of application		预涂胶墙纸	Prepasted（ready-pasted）	在生产时,已经在墙纸纸面涂胶,干燥。在施工时,浸水后使背胶有一定的胶性。	Wallcovering that carries its own factory-applied adhesive that normally has to be activated by water at the time of hanging.
去除旧墙纸方法 Method of removal		完全剥离	Strippable	去除旧墙纸时,在干燥状态下能够手工将它从墙上整片剥下。	Wallcovering that can be removed manually in a dry state, substantially in one piece, by pulling it away from the support on which it was hung.
		剥去表皮	Peelable	去除旧墙纸时,在干燥状态能够手工将墙纸的表面保护层大片剥离,基纸还留在墙上。	Wallcovering from which the decorative or protective surface can be removed manually from its base paper in a dry state substantially in one piece. The base paper remains on the support on which it was hung.

续表

序号	标识符号	中文标识名称	英文名称	中文解释	英文解释
去除旧墙纸方法Method of removal		湿去除	Wet removal	墙纸从墙上剥离时,先用水或剥离剂进行浸泡或蒸汽蒸,然后去除掉。	Wallcovering that can be removed from the support on which it was hung by soaking it with water or a proprietary stripping agent or by steaming it and then scraping off the soaked material.
杂项Miscellaneous		搭接裁切	Overlap and double cut	施工时,两幅墙纸边重叠并对好花,用锋利的壁纸刀,从上到下一刀连续裁透两层墙纸,然后打开接缝处,将裁掉的边拿掉,再处理好边缝。主要用于布基壁纸与宽幅纸基壁纸。	Method by which the edges of adjoining lengths of wallcovering can be made to butt together. The adjoining edges of adjacent lengths of wallcovering are overlapped on the support during application and both thicknesses are cut through in a continuous movement with a sharp knife.The joint is opened and surplus wallcoveing material is removed before the adjoining edges are realigned.

续表

序号	标识符号	中文标识名称	英文名称	中文解释	英文解释
杂项 Miscellaneous		双面压纹	Duplex embossing	由两层基材通过胶复合同时机械压花而成的浮雕墙纸。	Mechanically embossed relief wallcovering made from two base materials which have been laminated with an adhesive at the mechanical embossing state.
		耐冲击	Impact resistant	在冲击的试验条件下，能够保持表面效果完好。	Ability of a heavy-duty wallcovering to maintain its surface intact under the effect of impact.

★ 识图施工图

施工前,装饰公司施工人员需了解裱糊的构造组成,能读懂构造图,如图3-11所示。读图时,文字自上向下读表示图中自左向右的构造。

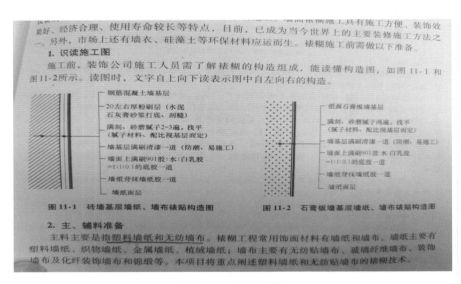

图 3-11　某书截图

★ 施工工艺流程

　　壁纸裱糊施工工艺流程为:基层处理→封闭底涂一道→弹线
→预拼→裁纸编号→润纸→刷胶→上墙裱糊→修整表面→养
护。步骤如图3-12—图3-23所示。

　　1. 检查一下墙面是否光滑,若有凸起,可用砂纸打磨平整,
如图3-12所示。

图 3-12　基层处理

2. 做好地面保护工作,在地上铺一层塑料纸或报纸,防止胶水直接坠落至地板,起到保护地板的作用,如图3-13所示。

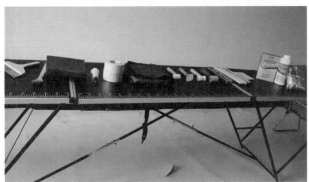

图3-13　封闭底涂

3. 墙纸粘贴所需的工具：基膜、胶粉、卷尺、铅笔、墙纸刀、刮板、刷子、红外线水平仪、白毛巾、鬃毛刷、滚筒、接缝压辊、滚刷、裁缝铲、砂纸、水桶、注射器、刷胶台、自动刷胶机等。

4. 调制基膜液。先准备好清水，再将基膜倒入桶中与清水混合，最后搅拌均匀。一般情况下，基膜与清水的比例为1∶1，如图3-14所示。

图3-14　调制基膜液

5. 刷基膜。用滚筒沾满基膜,往墙上大面积涂刷,边角地方则用刷子个别刷,以确保每个角落都刷了基膜,如图3-15所示。

图3-15　刷基膜

6. 等待基膜干透。刷完基膜1—3小时以后,确保基膜液干了之后才能贴墙纸,目的是防止墙体水分中碱性物质外渗隔离墙面,如图3-16所示。

图3-16 贴墙纸

7. 裁剪墙纸。检查产品标志及阅读施工的说明,看是否有直接水平对花、错位对花、恣意对花的阐释,必须按产品批号、卷号顺序裁切使用。要按作业墙面高度测算材质高度,墙纸上方花型应取完整图案,并且位置适当。一般裁剪出来的墙纸长度比墙面高度多预留10cm左右,以备修边使用,如图3-17所示。

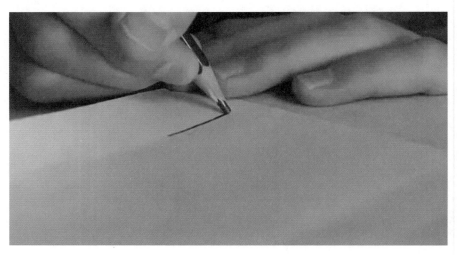

图3-17　预留10cm左右

8. 标记。裁完一幅后应用铅笔在墙纸的背面做上标记,这是为了避免粘贴墙纸时头尾倒置。对花墙纸在裁剪第二幅墙纸时应与上一幅的花对齐后再进行裁剪。墙纸裁切完成后,开始调制胶粉,如图3-18所示。

图3-18　调制胶粉

9. 为墙纸上胶。首先将调制好的胶粉倒入机盒中,然后打开机器,将墙纸放入,最后按下开关,墙纸就这样轻松涂抹上胶了。上好胶的墙纸应均匀对折,并按包装上的说明放置一段时间,以吸收黏合剂中的水分,如图3-19所示。

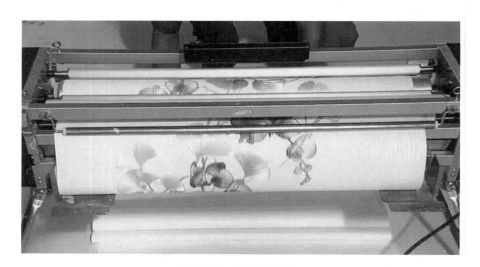

图3-19 为墙纸上胶

10. 粘贴第一张墙纸。首先从房间阴角开始,用红外线水平仪比对测量,防止因阴角不齐造成墙纸倾斜。墙纸顶端需留出大约10cm富余量,作为修剪时用。将墙纸对准位置后,轻轻用刮板将墙纸右侧从上至下刮平。刮到房顶上沿时,拿出墙纸刀,将上边富余的墙纸裁掉,再用同样的方法使用刮板将墙壁下方的墙纸粘贴好,如图3-20所示。

图3-20　粘贴第一张图纸

11. 粘贴第二张墙纸。粘贴第二张墙纸时,不必再使用激光水平仪,紧贴第一张墙纸的右侧边沿粘贴即可。与第一张墙纸一样,粘贴第二张墙纸也从右侧及上侧开始,逐渐往左侧及下方蔓延,如图3-21所示。

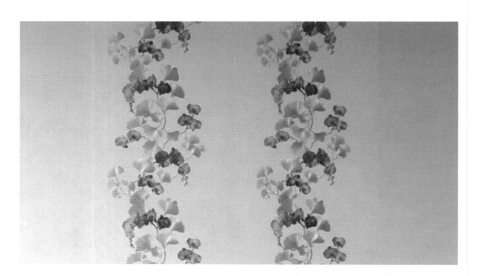

图3-21　粘贴第二张图纸

12. 粘贴过程注意事项。溢出的胶液应随时用干净的毛巾擦掉，特别是墙纸接缝处的胶痕要处理干净。遇到电源开关处，先用墙纸盖上，再用墙纸刀在上面以对角线画十字，用刮板抵住开关的边缘，用墙纸刀顺势割去多余的部分，如图3-22所示。

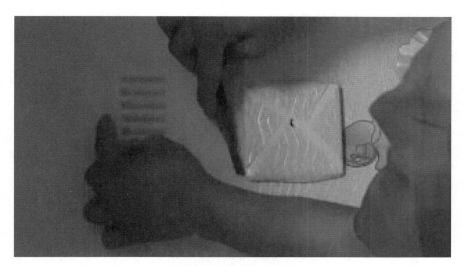

图3-22 用墙纸刀割去多余的部分

13. 接缝、拐角处理。两幅墙纸的边缘接缝部位,需用接缝压辊进行滚压,使墙纸粘贴结实。遇到拐角处,以墙壁边沿为对准线,先将墙的右侧贴好,先后用手及刮板抹平,并裁掉地面处的墙纸,然后用手将拐角处的墙纸捋至隔壁墙面,用刮板将全部墙纸抹平,如图3-23所示。

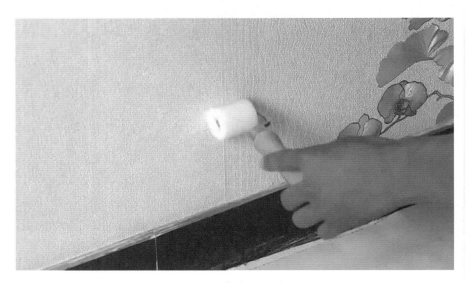

图3-23　用刮板将全部墙纸抹平

14. 验收。整面墙粘贴完毕后,要仔细检查,墙纸有没有明显的接缝痕迹,对花是否整齐,粘贴是否牢固。

15. 剩余的墙纸要保存好,在墙纸出现破损时可用来修补。

16. 刚贴好墙纸的房间不要立刻通风,应关闭门窗2—3天,阴干处理,避免通风导致墙纸翘边和起鼓。如果开窗,不要开太大。

3.2　软包工程

软包墙面是现代室内墙面装饰常用的做法,它具有一定的吸声、保温、防撞、美观大方等优点。特别适合用于有吸声需求的会议室、影音室、住宅起居室、儿童卧室等。

★ 案例:墙面仿皮软包装饰工程

施工主要材料

(1)软包墙面木框、龙骨、底板、面板等木材的树种、规格、等级、含水率和防腐处理,必须符合设计图纸要求和《木结构工程施工及验收规范》的规定。

(2)软包面料符合设计要求,并应符合建筑内装修设计防火的有关规定。

(3)龙骨料一般用红白松烘干料,含水率不大于12%,厚度根据设计要求,不得有腐朽、节疤、劈裂、扭曲等毛病,并预先经防腐处理。

（4）面板一般采用胶合板（五合板），厚度不小于3mm，颜色、花纹要尽量相似，用原木板材作为面板时，一般采用烘干的红白松、椴木和水曲柳等硬杂木，含水率不大于12%。其厚度不小于20mm，且要求纹理顺直、颜色均匀、花纹近似，不得有节疤、扭曲、裂缝、变色等毛病。胶合板如图3-24所示。

图3-24　胶合板

（5）外饰面用的压条、分格框料和木贴脸等面料，一般采用工厂加工的半成品烘干料，含水率不大于12%，厚度应根据设计要求且外观没毛病的好料；并预先经过防腐处理。

（6）辅料有防潮纸或油毡、乳胶、钉子（钉子长应为面层厚的2—2.5倍）、木螺丝、木砂纸、氟化钠（纯度应在75%以上，不含游离氟化氢，它的黏度应能通过120号筛）等。

主要工具

木工工作台电锯，电刨，冲击钻，手枪钻，切、裁织物布工作台，钢板尺（1m长），裁织刀，塑料水桶，塑料脸盆，油工刮板，小辊，开刀，毛刷，排笔，擦布或棉丝，砂纸，长卷尺，盒尺，锤子，各种形状的木工凿子，线锯，铝制水平尺，方尺，多用刀，弹线用的粉线包，墨斗，小白线，笤帚，托线板，线坠，红铅笔，工具袋等。软包制作必备工具，如图3-25所示。

图3-25 软包制作必备工具

从左到右:海绵大小挖孔器、型条角度剪、软包大小塞刀

作业条件

（1）混凝土和墙面抹灰已完成，基层按设计要求木砖或木筋已埋设，水泥砂浆找平层已抹完灰并刷冷底油，且经过干燥，含水率不大于8%；木材制品的含水率不得大于12%。

（2）水电及设备，顶墙上预留预埋件已完成。

（3）房间里的吊顶分项工程基本完成，并符合设计要求。

（4）房间里的地面分项工程基本完成，并符合设计要求。

（5）房间里的木护墙和细木装修底板已基本完成，并符合设计要求。

（6）对施工人员进行技术交底时，强调技术措施和质量要求。大面积施工前。应先做样板间，经质检部门鉴定合格后，方可组织班组施工。

施工工艺

（1）工艺流程：

工艺流程步骤，如图3-26所示。

基层或底板处理 → 吊直、套方、找规矩、弹线 → 计算用料、套裁面料 → 粘贴面料 → 安装贴脸或装饰边线、刷镶边油漆 → 软包墙面

原则上是房间内的地、顶内装修已基本完成，墙面和细木装修底板做完，开始做面层装修时插入软包墙面镶贴装饰和安装工程。

（2）基层或底板处理：凡做软包墙面装饰的房间基层，大都是事先在结构墙上预埋木砖、抹水泥砂浆找平层、刷喷冷底子油。铺贴一毡二油防潮层、安装 50mm × 50mm 木墙筋（中距为450mm）、上铺五层胶合板。此基层或底板实际是该房间的标准

做法。如采取直接铺贴法,基层必须认真处理,方法是先将底板拼缝用油腻子嵌平密实、满刮腻子1—2遍,待腻子干燥后用砂纸磨平,粘贴前,在基层表面满刷清油(清漆+香蕉水)一道。如有填充层,此工序可以简化。

(3)吊直、套方、找规矩、弹线:根据设计图纸要求,把该房间需要软、硬包墙面的装饰尺寸,造型等通过吊直、套方、找规矩、弹线等工序,把实际设计的尺寸与造型落实到墙面上。

(4)计算面料:首先根据设计图纸的要求,确定软、硬包墙面的具体做法。一般做法有两种:一是直接铺贴法(此法操作比较简便,但对基层或底板的平整度要求较高),二是预制铺贴镶嵌法,此法有一定的难度,要求必须横平竖直、不得歪斜,尺寸必须准确等。要做定位标志以利于对号入座,然后按照设计要求进行用料计算和底衬、面料套裁工作。还要注意同一房间、同一图案与面料必须用同一卷材料和相同部位(含填充料)套裁面料。

（5）粘贴面料：如采取直接铺贴法施工时，应待墙面细木装修基本完成、边框油漆达到交活条件，方可粘贴面料；如果采取预制铺贴镶嵌法，则不受此限制，可事先进行粘贴面料工作。按设计用料固定在预制铺贴镶嵌底板上，把面料按照定位标志找好横竖坐标上下摆正；先把上部用木条加钉子临时固定，后把下端和两侧位置找好后，便可按设计要求粘贴面料。

（6）安装贴脸或装饰边线：根据设计选择和加工好的贴脸或装饰边线，应按设计要求先把油漆刷好，便可把事先预制铺贴镶嵌的装饰板进行安装工作。先经过试拼达到设计要求和效果后，便可与基层固定和安装贴脸或装饰边线，最后修刷镶边油漆成活。

（7）修整软包墙面：如软包墙面施工安排靠后，其修整软包墙面工作比较简单，如果施工插入较早，由于增加了成品保护膜，则修整工作量较大；例如增加除尘清理、钉粘保护膜的钉眼和胶痕的处理等。

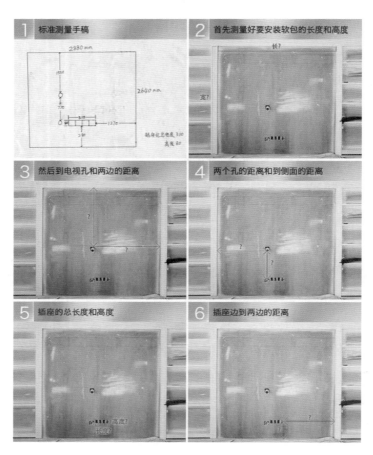

图3.26　软包安装示意图

小提示：

1.墙面测量必须横平竖直,上下左右各量多次。两条对角线也要测量,防止墙面不够水平。

2.冬天施工应在采暖条件下进行,室内操作温度不应低于5℃,要注意防火工作。

质量标准

(1)保证项目

①软包墙面木框或底板所用材料的树种、等级、规格、含水率和防腐处理,必须符合设计要求和《木结构工程施工及验收规范》的规定。软包面料及其他填充材料必须符合设计要求,并符合《建筑内装修设计防火规范》。

检查方法:观察、测定含水率。

②软包木框构造作法必须符合设计要求,钉粘严密、镶嵌牢固。

检查方法：观察和手扳检查。

（2）基本项目

①表面面料平整，经纬线顺直，色泽一致，无污染。压条无错台、错位。同一房间同种面料花纹图案位置相同。

检验方法：观察检查。

②单元尺寸正确，松紧适度，面层挺秀，棱角方正，周边弧度一致，填充饱满，平整，无皱折、无污染，接缝严密，图案拼花端正、完整、连续、对称。

检验方法：观察检查。

（3）软包墙面装饰工程的允许偏差和检验方法，见表3-2。

表3-2 软包墙面装饰工程的允许偏差和检验方法

序号	项目	允许偏差（mm）	检验方法
1	上口平直	2	拉5m线检查，不足5m拉通线检查
2	表面垂直	2	吊线尺量检查
3	压缝条间距	2	尺量检查

（4）应注意的质量问题：

①不垂直或不水平：相邻两卷材接缝不垂直或不水平，或卷材接缝虽垂直，但花纹不水平，故造成花饰不垂直等。因此在粘贴第一张卷材时，必须认真吊垂直线并注意对花和拼花，尤其是刚开始粘贴时必须注意检查，发现问题及时纠正。特别是采取预制镶嵌软、硬包工艺施工时更要注意。

②花饰不对称：有花饰的卷材粘贴后，由于两张卷材的正反面或阴阳面的花饰不对称，或者门窗口两边或室内对称的柱子，拼缝下料宽狭不一，因而造成花饰不对称。预防办法是通过做不同房间的样板间，找出原因采取试拼的措施，解决花饰不对称的问题。

③离缝或亏料：相邻卷材间的接缝不严合，露出基底称为离缝；卷材的上口与挂镜线，下口与台度上口或踢脚线上口接缝不严，显露基底称为亏料。主要原因是卷材粘贴产生歪斜，故出现离缝；上下口亏料的主要原因是裁卷材不方、下料过短或裁切不细、刀子不快等。

④翘边:主要是接缝和边缘处胶粘剂刚涂过少或局部漏刷及边缝没压实,干后出现翘边、翘缝等现象。发现后应及时补刷胶并辊压修补好。

⑤墙面不洁净,斜视有胶痕:主要是没及时用湿温毛巾将胶痕擦净或清擦但不彻底、不认真,或由于其他工序造成墙面污染等。

⑥面层颜色不一致、花形深浅不一:主要是卷材质量差、施工时没有认真挑选等。

⑦周边缝隙宽窄不一致:主要是拼装预制镶嵌过程中,安装不细、捻边时松紧不一或在套割底板时弧度不匀等造成,应及时进行修整和加强检查验收工作。

⑧墙面表面不平,斜视有疙瘩:主要是基层墙面清理不彻底或虽清理但没认真清扫,基层表面仍有积尘、腻子包、小砂粒、胶浆疙瘩等,造成墙面表面不平,斜视有疙瘩。因此施工时一定要重视墙面基底的清理工作。